BEI GRIN MACHT SICH IHR WISSEN BEZAHLT

- Wir veröffentlichen Ihre Hausarbeit, Bachelor- und Masterarbeit

- Ihr eigenes eBook und Buch - weltweit in allen wichtigen Shops

- Verdienen Sie an jedem Verkauf

Jetzt bei www.GRIN.com hochladen und kostenlos publizieren

GRIN

Bibliografische Information der Deutschen Nationalbibliothek:

Die Deutsche Bibliothek verzeichnet diese Publikation in der Deutschen National-
bibliografie; detaillierte bibliografische Daten sind im Internet über http://dnb.d-
nb.de/ abrufbar.

Impressum:

Copyright © 2014 GRIN Verlag, Open Publishing GmbH
Druck und Bindung: Books on Demand GmbH, Norderstedt Germany
ISBN: 9783668364851

Dieses Buch bei GRIN:

http://www.grin.com/de/e-book/347197/satz-von-tarski-seidenberg-folgerungen-
aus-dem-projektionssatz

Julius Konstantin

Aus der Reihe: e-fellows.net stipendiaten-wissen

e-fellows.net (Hrsg.)

Band 2219

Satz von Tarski-Seidenberg. Folgerungen aus dem Projektionssatz

GRIN Verlag

Satz von Tarski-Seidenberg

01.11.2014

Inhaltsverzeichnis

Zusammenfassung

Die vorliegende Arbeit soll einen Beweis des Satzes von Tarski-Seidenberg mittels der Methode der Hermite Matrizen liefern. Außerdem werden Folgerungen wie Quantorenelimination in reell abgeschlossenen Körpern und das Transferprinzip vorgestellt, um abschließend die Lösung zum 17-ten Problem von Hilbert zu geben.

1 Semialgebraische Mengen

Für den Satz von Tarski-Seidenberg benötigen wir zuerst den Begriff der semialgebraischen Menge und grundlegende Folgerungen (für weiterführende Literatur siehe: [1]). Sei dazu A ein unitärer Teilring von $\mathbb{R}$, $n \in \mathbb{N}$ beliebig und $x = (x_1, ..., x_n)$.

Definition 1.1.

(i) *Eine Teilmenge des $\mathbb{R}^n$ heißt A-semialgebraisch, wenn sie eine endliche boolesche Kombination (Vereinigung, Durchschnitt, Komplementbildung) von Mengen der Gestalt*

$$O_{\mathbb{R}}(p_1, ..., p_s) = O(p_1, ..., p_s) = \{x \in \mathbb{R}^n \mid p_1(x) > 0, ..., p_s(x) > 0\}$$

mit $p_1, ..., p_s \in A[x] = A[x_1, ...x_n]$ ist. Dabei bezeichnen wir $\mathbb{R}$-semialgebraische Mengen einfach als semialgebraisch.

(ii) *Eine Teilmenge des $\mathbb{R}^n$ heißt A-algebraisch, wenn sie die Gestalt*

$$V_{\mathbb{R}}(p_1, ..., p_s) = V(p_1, ..., p_s) = \{x \in \mathbb{R}^n \mid p_1(x) = 0, ..., p_s(x) = 0\}$$

mit $p_1, ...p_s \in A[x] = A[x_1, ...x_n]$ hat. Dabei bezeichnen wir $\mathbb{R}$-algebraische Mengen einfach als algebraisch.

Bemerkung 1.2. *Es gelten folgende Eigenschaften:*

(i) *Jede A-algebraische Menge ist A-semialgebraisch*

(ii) *Auch boolesche Kombinationen von Mengen der Form $\{x \in \mathbb{R}^n \mid f \triangle 0\}$ mit $\triangle \in \{<, >, \leq, \geq, = \neq\}$ sind A-semialgebraisch*

(iii) *Jede algebraische Menge ist von der Form $V(p)$ für ein $p \in A[x]$ (algebraische Mengen werden bereits von einem Polynom erzeugt)*

Beweis.

$$V(p_1, ..., p_s) = V(p_1^2 + ... + p_s^2) = \mathbb{R}^n \setminus (O(p_1^2 + ... + p_s^2) \cup O(-(p_1^2 + ... + p_s^2))) \quad (1)$$

Damit sind (i) und (iii) bewisen. Die Beweise für (ii) erfolgen ähnlich. $\square$

Lemma 1.3 (Normalform semialgebraischer Mengen). *$U \subseteq \mathbb{R}^n$ ist genau dann A-semialgebraisch, wenn*

$$U = \bigcup_{j=1}^{m} (V(p_j) \cap O(q_{j1}, ..., q_{jr})) \quad (2)$$

mit passenden $m, r \in \mathbb{N}$ und $p_j, q_{ji} \in A[x]$ $(1 \leq j \leq m,\ 1 \leq i \leq r)$

Beweis. ($\Leftarrow$) Folgt direkt aus Bemerkung 1.2 (i) und der Definition 1.1 (i)
($\Rightarrow$) Eine A-semialgebraische Menge $M \subseteq \mathbb{R}^n$ ist per Definition eine boolesche Kombination von Mengen $O(q)$ $(q \in A[x])$. Durch Verwendung der Gesetze von de Morgan und der Distributivgesetze kann M als endliche Vereinigung von Mengen der Gestalt

$$\bigcap_{j=1}^{k}\{x \in \mathbb{R}^n \mid q_j(x) \not> 0\} \cap \bigcap_{j=k+1}^{m} \{x \in \mathbb{R}^n \mid q_j(x) > 0\}$$

geschrieben werden.
Mit $\{x \in \mathbb{R}^n \mid q_j(x) \not> 0\} = \{x \in \mathbb{R}^n \mid (-q_j(x)) > 0\} \cup \{x \in \mathbb{R}^n \mid q_j = 0\}$, nochmaliger Anwendung der Distributivgesetze und Bemerkung 1.2 (iii) ergibt sich die Behauptung. $\qquad\square$

Beispiel 1.4.

(i) *Die semialgebraischen Mengen in $\mathbb{R}$ sind genau die endlichen Vereinigungen von Punkten und offenen Intervallen (beschränkt und unbeschränkt)*

(ii) *Im $\mathbb{R}^n$ bildet die offene Einheitskugel $B_1(0)$ eine semialgebraische Menge $\{x \in \mathbb{R}^n \mid x_1^2 + x_2^2 + ... + x_n^2 - 1 < 0\}$, der Rand $\delta B_1(0)$ ist sogar algebraisch $\{x \in \mathbb{R}^n \mid x_1^2 + x_2^2 + ... + x_n^2 - 1 = 0\}$*

(iii) *Polynomiale Urbilder A-semialgebraischer (bzw. A-algebraischer Mengen) sind wieder A-semialgebraisch (bzw. A-algebraisch)*

Dagegen gilt dies im Allgemeinen nicht für die polynomialen Bilder von algebraischen Mengen. Beispielsweise ist das Bild der Kreislinie $\delta B_1(0)$ im $\mathbb{R}^2$ unter der Projektion $\phi : \mathbb{R}^2 \to \mathbb{R} : \phi(x,y) = x$ gleich dem Intervall $[-1,1]$, welches jedoch nicht algebraisch sein kann, da Polynome nur endliche viele Nullstellen besitzen. Jedoch gilt die Aussage für semialgebraische Mengen. Als Beispiel ergibt das Bild der offenen Kreisscheibe unter derselben Abbildung das Intervall $(-1,1)$, welches sich als semialgebraische Menge $\{x \in \mathbb{R} \mid x^2 - 1 < 0\}$ anschreiben lässt. Der Beweis dieser Tatsache führt uns zum Projektionssatz von Tarski-Seidenberg:

2 Projektionssatz von Tarski-Seidenberg

Satz 2.1 (Projektionssatz). *Sei $U \subseteq \mathbb{R}^d \times \mathbb{R}^n$ eine A-semialgebraische Menge und $\phi : \mathbb{R}^d \times \mathbb{R}^n \to \mathbb{R}^n : (x', x'') \mapsto x''$ die Projektion auf die letzten n Koordinaten. Dann ist $\phi(U) \subseteq \mathbb{R}^n$ wieder A-semialgebraisch.*

Beweis. Ohne Beschränkung der Allgemeinheit (o.B.d.A) setzten wir d=1, der allgemeine Fall folgt daraus durch endliche Iteration. Sei also $U \subseteq \mathbb{R} \times \mathbb{R}^n$ eine A-semialgebraische Menge und $\phi(U)$ das Bild der Projektion. Aus Lemma 1.3 folgt

$$U = \bigcup_{j=1}^{m} (V(p_j) \cap O(q_{j1}, ..., q_{jr})) \tag{3}$$

für gewisse $m, r \in \mathbb{N}$ und $p_j, q_{ji} \in A[x]$ ($1 \leq j \leq m$, $1 \leq i \leq r$). Für das Bild gilt nun

$$\phi(U) = \bigcup_{j=1}^{m} \phi(V(p_j) \cap O(q_{j1}, ..., q_{jr})) \tag{4}$$

da das Bild einer Vereinigung von Mengen gleich der Vereinigung der Bilder ist. Deswegen genügt es die Aussage des Projektionssatzes nur für

$$U = V(p) \cap O(q_1, ..., q_r) = \tag{5}$$
$$\{(t, x) \in \mathbb{R} \times \mathbb{R}^n \mid p(t, x) = 0, q_1(t, x) > 0, ..., q_r(t, x) > 0\} \tag{6}$$

mit $p(t, x), q_j(t, x) \in A[t, x]$ ($1 \leq j \leq r$) zu beweisen. Ein Element $x \in \mathbb{R}^n$ liegt genau dann im Bild $\phi(U)$, wenn es ein $t \in \mathbb{R}$ gibt, sodass (t, x) in U liegt. Da $A[t, x] = A[t, x_1, ..., x_n] = (A[x_1, ... x_n])[t]$ gilt, fassen wir $p, q_1, ..., q_r$ als Polynome in t mit Koeffizienten in $A[x]$ auf

$$p := p(t, x) = \sum_{i=0}^{k} a_i(x)t^i, \quad q_j := q_j(t, x) = \sum_{i=0}^{k_j} b_{ji}(x)t^i \tag{7}$$

mit $a_i, b_{ji} \in A[x]$. Wir brauchen also polynomiale Gleichungen und Ungleichungen, welche für jedes $x \in \mathbb{R}^n$ entscheiden, ob es ein $t \in \mathbb{R}$ gibt, sodass $p(t, x) = 0$ und $q_j(t, x) > 0$ für $1 \leq j \leq r$. Dies führt uns zum nächsten Kapitel, wobei wir anschließend wieder an diese Stelle des Beweises zurückkehren werden.

2.1 Relle Nullstellen von Polynomen

Im Folgenden werden Methoden vorgestellt, welche die Anzahl reeller Nullstellen von Polynomen (unter Nebenbedingungen) bestimmen. Dies ist hauptsächlich für den Beweis des Projektionssatzes wichtig, jedoch sind die Ergebnisse an sich schon lesenswert. Die Beweisidee ist hierbei angelehnt an [4], [6] und [7].
Sei im folgenden Kapitel stets $p(t) = t^d + a_1 t^{d-1} + ... + a_d$ ein beliebiges normiertes Polynom über $\mathbb{R}$ (ungleich dem Nullpolynom) und $\alpha_1, ..., \alpha_d$ die Nullstellen von $p(t)$ in $\mathbb{C}$ (mit Vielfachheit gezählt). Da es beliebig schwierig bis unmöglich ist[1] die Nullstellen eines Polyoms anhand der Koeffizienten zu bestimmen, werden wir auf die Newtonsummen ausweichen.

Definition 2.2 (Newtonsummen).
Seien $\alpha_1, ..., \alpha_d$ die Nullstellen von $p(t) \in \mathbb{R}[t]$ in $\mathbb{C}$. Wir definieren für $s \in \mathbb{N}$ die s-te Newtonsumme

$$\nu_s(p) = \alpha_1^s + ... + \alpha_d^s \tag{8}$$

Für ein beliebiges weiteres Polynom $q(t) \in \mathbb{R}[t]$ sei außerdem die s-te verallgemeinerte Newtonsumme definiert als:

$$\nu_s(p, q) = q(\alpha_1)\alpha_1^s + ... + q(\alpha_d)\alpha_d^s \tag{9}$$

Lemma 2.3. *Die (verallgemeinerten) Newtonsummen $\nu_s(p)$ ($\nu_s(p, q)$) sind für alle $s \in \mathbb{N}$ ganzzahlige Polynome in den Koeffizienten von p (und q).*

---

[1]ab Grad 5 gibt es keine explizite Lösungsformel mehr, siehe Abel-Ruffini-Theorem

Beweis. Definieren wir zuerst die Begleitmatrix eines Polynoms:

$$C_p = \begin{pmatrix} 0 & 0 & \ldots & -a_d \\ 1 & 0 & \ldots & -a_{d-1} \\ \vdots & \ddots & \ddots & \vdots \\ 0 & \ldots & 1 & -a_1 \end{pmatrix} \tag{10}$$

Wir wollen zeigen, dass das charakteristische Polynom von C_p, $det(t \cdot I_d - C_p)$, genau dem Polynom p entspricht.

$$det(t \cdot I_d - C_p) = det \begin{pmatrix} t & 0 & \ldots & a_d \\ -1 & t & \ldots & a_{d-1} \\ \vdots & \ddots & \ddots & \vdots & \vdots \\ 0 & \ldots & -1 & t+a_1 \end{pmatrix} = \tag{11}$$

$$(t+a_1)det \begin{pmatrix} t & 0 & \ldots & 0 \\ -1 & t & \ldots & 0 \\ \vdots & \ddots & \ddots & \vdots \\ 0 & \ldots & -1 & t \end{pmatrix} + det \begin{pmatrix} t & 0 & \ldots & a_d \\ -1 & t & \ldots & a_{d-1} \\ \vdots & \ddots & \ddots & \vdots \\ 0 & \ldots & -1 & a_2 \end{pmatrix} = \tag{12}$$

$$t^d + a_1 t^{d-1} + a_2 t^{d-2} + det \begin{pmatrix} t & 0 & \ldots & a_d \\ -1 & t & \ldots & a_{d-1} \\ \vdots & \ddots & \ddots & \vdots \\ 0 & \ldots & -1 & a_3 \end{pmatrix} = \ldots = \tag{13}$$

$$t^d + a_1 t^{d-1} + \ldots + a_d = p(t) \tag{14}$$

wobei jeweils der Laplace'sche Entwicklungssatz nach der letzten Zeile angewandt wurde. Die Eigenwerte der Begleitmatrix entsprechen also den Nullstellen des Polynoms (jeweils in $\mathbb{C}$). Wir benützen nun folgende Eigenschaften von Matrizen:

(i) Die Spur einer Matrix entspricht der Summe der Eigenwerte (im algebraischen Abschluss und mit Vielfachheit gezählt): $tr(C_p) = \sum_{i=1}^{d} \alpha_i$

(ii) Die Eigenwerte von $(C_p)^j$ sind genau $\alpha_1^j, \ldots, \alpha_d^j$

Daraus folgt für unsere Begleitmatrix C_p

$$tr((C_p)^s) = \nu_s(p) \tag{15}$$

wobei sowohl die Spur (als Summe der Diagonaleinträge), als auch das Produkt der C_p als ganzzahlige Polynome in den Koeffizienten von p geschrieben werden können. Für beliebiges $q(t) \in \mathbb{R}[t]$, $q(t) = \sum_{i=0}^{m} c_i t^i$, folgt die Aussage für die verallgemeinerte Newtonsumme aus folgender Rechnung:

$$\nu_s(p,q) = \sum_{j=1}^{d} \left(\alpha_j^s \cdot \sum_{i=0}^{m} c_i \alpha_j^i \right) = \sum_{j=1}^{d} \cdot \sum_{i=0}^{m} c_i \alpha_j^{s+i} = \sum_{i=0}^{m} \sum_{j=1}^{d} c_i \alpha_j^{s+i} = \tag{16}$$

$$\sum_{i=0}^{m} c_i \cdot \sum_{j=1}^{d} \alpha_j^{s+i} = \sum_{i=0}^{m} c_i \cdot \nu_{s+i}(p) \tag{17}$$

$$\square$$

Bemerkung 2.4.

(i) *Der Beweis kann alternativ auch mithilfe des Hauptsatzes über symmetrische Funktionen geführt werden*

(ii) *Die ersten Newton Summen lauten:*

$$\nu_0 = tr((C_p)^0) = tr(I_d) = d$$
$$\nu_1 = tr(C_p) = -a_1$$
$$\nu_2 = tr((C_p)^2) = \begin{pmatrix} 0 & 0 & \dots & -a_d & a_d a_1 \\ 0 & 0 & \dots & -a_{d-1} & a_{d-1}a_1 - a_d \\ 1 & 0 & \dots & -a_{d-2} & a_{d-2}a_1 - a_{d-1} \\ \vdots & \ddots & \ddots & \vdots & \vdots \\ 0 & 0 & \dots & -a_2 & a_2 a_1 - a_3 \\ 0 & 0 & \dots & -a_1 & a_1^2 - a_2 \end{pmatrix} = a_1^2 - 2a_2$$

Da wir bis jetzt nur die Nullstellen in den komplexen Zahlen betrachtet haben, wird nun eine Methode vorgestellt, bei der zwischen Nullstellen in $\mathbb{R}$ und denen in $\mathbb{C}$ unterschieden werden kann.

Definition 2.5 (Hermite-Matrix). *Sei $p(t) \in \mathbb{R}[t]$ normiertes Polynom vom Grad d, $q \in \mathbb{R}[t]$ ein beliebiges weiteres Polynom und $\nu_s(p,q)$ die zugehörige verallgemeinterte s-te Newtonsumme ($0 \leq s \leq 2d-2$). Die symmetrische $d \times d$ Matrix*

$$\mathcal{H}(p,q) = \begin{pmatrix} \nu_0(p,q) & \nu_1(p,q) & \dots & \nu_{d-1}(p,q) \\ \nu_1(p,q) & \nu_2(p,q) & \dots & \nu_d(p,q) \\ \vdots & \vdots & & \vdots \\ \nu_{d-1}(p,q) & \nu_d(p,q) & \dots & \nu_{2d-2}(p,q) \end{pmatrix} \tag{18}$$

heißt die verallgemeinerte Hermite-Matrix von p unter der Nebenbedingung q. Für $q \equiv 1$ erhalten wir die ("gewöhnliche") Hermite-Matrix.

Definition 2.6 (Signatur). *Für eine reelle symmetrische $d \times d$ Matrix A mit Eigenwerten $\alpha_1, ... \alpha_d$ (mit Vielfachheit gezählt) ist die Signatur von A gegeben als*

$$sign(A) = \sum_{i=1}^{d} sign(\alpha_i) \tag{19}$$

Bemerkung 2.7.

(i) *Bei der Hermite-Matrix hängt der Eintrag a_{ij} nur von $i+j$ ab. Solche Matrizen nennt man auch Hankelmatrizen*

(ii) *Die Definition der Signatur ist wohldefiniert, da alle Eigenwerte einer reellen symmetrischen Matrix wieder in $\mathbb{R}$ liegen*

(iii) *Die Signatur einer symmetrischen Matrix ist invariant unter Basistransformationen (als Bilinearform), genauer $sign(T^t A T) = sign(A)$ für reguläre Matrizen T (bekannt als Trägheitssatz von Sylvester, für einen Beweis siehe [2]).*

Satz 2.8. *Sei $p \in \mathbb{R}[t]$ normiert vom Grad d mit reellen, paarweise verschiedenen Nullstellen $\alpha_1, \dots \alpha_r$ und $q \in \mathbb{R}[t]$ beliebig, dann gilt:*

$$sign(\mathcal{H}(p,q)) = \sum_{i=1}^{r} sign(q(\alpha_i)) \tag{20}$$

Die Signatur von $\mathcal{H}(p,q)$ entspricht also genau der Anzahl an rellen Nullstellen α_i von p mit $q(\alpha_i)$ positiv minus der Anzahl derer mit $q(\alpha_i)$ negativ. (Nullstellen ohne Vielfachheit gezählt)

Bemerkung 2.9. *Für $q \equiv 1$ folgt: Die Signatur der Hermite-Matrix $\mathcal{H}(p,1)$ ist gleich der Anzahl an reellen Nullstellen von p.*

Beweis. Seien $\alpha_1, \dots \alpha_k$ die verschiedenen Nullstellen von p in $\mathbb{C}$, wobei α_i mit Vielfachheit n_i auftrete, und $w_i := (1, \alpha_i, \dots \alpha_i^{d-1})$. Man beachte, dass die Vektoren $w_1, \dots, w_k$ linear unabhängig sind, da sie die ersten k Spalten einer Vandermonde-Matrix bilden und diese bei paarweise verschiedenen α_k regulär ist. Dann gilt:

$$\mathcal{H}(p,q) = \sum_{i=1}^{k} q(\alpha_i) n_i \cdot w_i^t w_i \tag{21}$$

Da komplexe Nullstellen immer in konjugierten Paaren auftreten, schreiben wir

$$(\alpha_1, \dots, \alpha_k) = (\alpha_1, \dots \alpha_r, \alpha_{r+1}, \dots, \alpha_s, \overline{\alpha_{r+1}}, \dots, \overline{\alpha_s}) \tag{22}$$

mit $\alpha_i \in \mathbb{R}$ für $1 \leq i \leq r$ und $\alpha_i \in \mathbb{C}$ für $r < i$. Daraus folgt:

$$\sum_{i=1}^{k} q(\alpha_i) n_i \cdot w_i^t w_i = \sum_{i=1}^{r} q(\alpha_i) n_i \cdot w_i^t w_i + \sum_{i=r+1}^{s} n_i \cdot (q(\alpha_i) w_i^t w_i + q(\overline{\alpha_i}) \overline{w}_i^t \overline{w}_i) \tag{23}$$

Beachte das in jeder Komponente a_{ij} von $q(\alpha) w^t w + q(\overline{\alpha}) \overline{w}^t \overline{w}$ gilt

$$q(\alpha)\alpha^i\alpha^j + q(\overline{\alpha})\overline{\alpha}^i\overline{\alpha}^j = 2 \cdot Re(q(\alpha)\alpha^{i+j}) = \tag{24}$$

$$2 \cdot [Re(q(\alpha))Re(\alpha^{i+j}) - Im(q(\alpha))Im(\alpha^{i+j})] = \tag{25}$$

$$2 \cdot [Re(q(\alpha))Re(\alpha^i)Re(\alpha^j) - Re(q(\alpha))Im(\alpha^i)Im(\alpha^j) - \tag{26}$$

$$- Im(q(\alpha))Im(\alpha^i)Re(\alpha^j) - Im(q(\alpha))Re(\alpha^i))Im(\alpha^j)] \tag{27}$$

Also können wir insgesamt schreiben

$$q(\alpha)w^t w + q(\overline{\alpha})\overline{w}^t\overline{w} = \tag{28}$$

$$2 \cdot (Re(w)^t, Im(w)^t) \begin{pmatrix} Re(q(\alpha)) & -Im(q(\alpha)) \\ -Im(q(\alpha)) & -Re(q(\alpha)) \end{pmatrix} \begin{pmatrix} Re(w) \\ Im(w) \end{pmatrix} \tag{29}$$

wobei die Schreibweise $Re(w)$ (bzw. $Im(w)$) den komponentenweisen Realteil (bzw. Imaginärteil) des Vektors w bezeichnet.

Aus der Unabhängigkeit der Vektoren $w_1, \dots, w_r, w_{r+1}, \dots, w_s, \overline{w_{r+1}}, \dots, \overline{w_s}$ folgt auch, dass die Vektoren

$$w_1, \dots, w_r, Re(w_{r+1}), \dots, Re(w_s), Im(w_{r+1}), \dots, Im(w_s) \tag{30}$$

linear unabhängig sind (die Transformationsmatrix ist regulär). Jetzt erweitern wir diese Vektoren mit $\tilde{w}_{k+1}, ... \tilde{w}_d$ zu einer Basis und definieren folgende Matrizen:

$$T = (w_1|...|w_r|Re(w_{r+1})|Im(w_{r+1})|...|Re(w_s)|Im(w_s)|\tilde{w}_{k+1}|...|\tilde{w}_d) \tag{31}$$

$$W_i = \begin{pmatrix} Re(q(\alpha_i)) & -Im(q(\alpha_i)) \\ -Im(q(\alpha_i) & -Re(q(\alpha_i)) \end{pmatrix} \tag{32}$$

$$A = blkdiag(n_1 q(\alpha_1)), ..., n_r q(\alpha_r), 2n_{r+1} W_{r+1}, ..., 2n_s W_s, 0, ..., 0) \tag{33}$$

Notation: Hier bezeichnet $blkdiag(X, Y, Z, ...)$ die Diagonalblockmatrix, welche aus den Matrizen $X, Y, Z, ...$ gebildet wird.
So kann man die Hermite-Matrix nun folgendermaßen schreiben:

$$\mathcal{H}(p, q) = T A T^t \tag{34}$$

Da T regulär ist und die Signatur nach dem Trägheitssatz von Sylvester invariant unter derartigen Basistransformation ist, gilt:

$$sign(\mathcal{H}(p, q)) = sign(A) = \tag{35}$$

$$\sum_{i=1}^{r} sign(n_i q(\alpha_i))) + \sum_{j=r+1}^{s} sign(2n_j W_j) = \sum_{i=1}^{r} sign(q(\alpha_i))) \tag{36}$$

weil die n_i alle größer 0 sind und die Signatur von W_i gleich 0 ist (Die Spur ist 0, also können die Eigenwerte nur beide 0 oder negativ und positiv sein). $\quad\square$

In Anbetracht des Beweises des Projektionssatzes wollen wir nun die Nebenbedingungen vervielfachen. Für beliebige $q_1, ... q_m \in \mathbb{R}[t]$ und $e \in \{1, 2\}^m$ definieren wir folgende Multi-Index-Notation

$$q^e := q_1^{e_1} \cdot ... \cdot q_m^{e_m} \tag{37}$$

Der folgende Satz gibt uns nun Auskunft über die Anzahl an reellen Nullstellen α mit $q_i(\alpha) > 0$ für alle $1 \leq i \leq m$.

Lemma 2.10. *Seien $q_1, ..., q_m, p \in \mathbb{R}[t]$ und p normiert. Dann gilt*

$$\#\{\alpha \in \mathbb{R} \mid p(\alpha) = 0, q_1(\alpha) > 0, ..., q_m(\alpha) > 0\} = \frac{1}{2^m} \sum_{e \in \{1,2\}^m} sign(\mathcal{H}(p, q^e)) \tag{38}$$

Beweis. Seien $\alpha_1, ..., \alpha_r$ die paarweise verschiedenen Nullstellen von p in $\mathbb{R}$. Nach Satz 3.8 gilt:

$$\sum_{e \in \{1,2\}} sign(\mathcal{H}(p, q^e)) = \sum_{e \in \{1,2\}^m} \sum_{i=1}^{r} sign(q^e(\alpha_i)) = \tag{39}$$

$$\sum_{i=1}^{r} \sum_{e \in \{1,2\}^m} sign(q_1^{e_1}(\alpha_i)) \cdots sign(q_m^{e_m}(\alpha_i)) = \tag{40}$$

$$\sum_{i=1}^{r} \prod_{j=1}^{m} sign(q_j(\alpha_i)) + sign(q_j^2(\alpha_i)) \tag{41}$$

Wir beobachten:

$$sign(q_j(\alpha_i)) + sign(q_j^2(\alpha_i)) = \begin{cases} 2, & q_j(\alpha_i) > 0 \\ 0, & q_j(\alpha_i) \leq 0 \end{cases} \qquad (42)$$

Daraus folgt:

$$\prod_{j=1}^{m} sign(q_j(\alpha_i)) + sign(q_j^2(\alpha_i)) = \begin{cases} 2^m, & q_j(\alpha_i) > 0 \;\; \forall j \in \{1, ..., m\} \\ 0, & \text{sonst.} \end{cases} \qquad (43)$$

$\square$

Wir sind jetzt in der Lage Nullstellen von Polynomen unter endlich vielen Neben-bedingungen zu zählen, jedoch müssen wir für den Beweis des Projektionssatzes noch den Spezialfall $p \equiv 0$ betrachten und zeigen, dass die Sigantur einer Matrix auf semialgebraische Weise aus den Koeffizienten der Matrix berechnet werden kann.

Lemma 2.11. *Sei $q_1, ..., q_m \in \mathbb{R}[t]$. Wir definieren $q := q_1 \cdots q_m$ und $p := (1 - q^2)q'$, dann gilt: Falls ein $\alpha \in \mathbb{R}$ mit $q_1(\alpha) > 0, ..., q_m(\alpha) > 0$ existiert, dann auch ein weiteres $\tilde{\alpha} \in \mathbb{R}$ mit zusätzlich $p(\tilde{\alpha}) = 0$*

Beweis. Für konstantes q (und damit auch konstante q_i) folgt die Aussage tri-vialerweise. Sei q also nicht konstant.
Fall 1: q hat keine relle Nullstelle und somit geraden Grad. Dann hat q' unge-raden Grad und somit eine Nullstelle, also besitzt auch p eine Nullstelle.
Fall 2: q besitzt reelle Nullstellen $\alpha_1, ..., \alpha_s$. In den beschränkten Intervallen $]\alpha_i, \alpha_{i+1}[$ mit $1 \leq i \leq s - 1$ besitzt q' (und damit p) eine Nullstelle aufgrund des Satzes von Rolle. In den Intervallen $] - \infty, \alpha_1[$ und $]\alpha_s, \infty[$ hat p auch eine Nullstelle: Es gilt $1 - q^2(\alpha_1) = 1 - q^2(\alpha_s) = 1$ und $\lim_{x \to \pm\infty} 1 - q^2(x) = -\infty$ (q ist nicht konstant), also impliziert der Zwischenwertsatz die Nullstelle. Da q in allen diesen Intervallen strikt positives oder negatives Vorzeichen hat, p jedoch in jedem Intervall eine Nullstelle besitzt, folgt die Behauptung. $\square$

Lemma 2.12. *Die Menge $\{A \in \mathbb{R}^{d \times d} \mid A \text{ symmetrisch}, \; sign(A) = q\}$ ist $\mathbb{Z}$-semialgebraisch in $\mathbb{R}^{d \times d} \cong \mathbb{R}^{d^2}$.*

Beweis. Induktion über die Dimension d: Der Induktionsanfang für $d = 1$ ist klar. Beim Induktionsschritt können wir o.B.d.A. davon ausgehen, dass die Ma-trix $A \neq 0$ ist, da dies nur eine zusätzliche (semialgebraische) Bedingung für $q \equiv 0$ darstellt. Nun unterscheiden wir 2 Fälle:
1. Fall: $a_{11} \neq 0$, dann betrachten wir die Vektoren: $\tilde{e}_j = a_{11}e_i - a_{1j}e_1$ für $j \in 2, ..., d$. Zusammen mit e_1 bilden diese Vektoren eine Basis des $\mathbb{R}^d$ unter welcher die Matrix A (als Bilinearform) folgende Gestalt besitzt:

$$\begin{pmatrix} 1 & 0 & \cdots & 0 \\ -a_{12} & a_{11} & & 0 \\ \vdots & & \ddots & \vdots \\ -a_{1d} & \cdots & 0 & a_{11} \end{pmatrix} \cdot A \cdot \begin{pmatrix} 1 & -a_{12} & \cdots & -a_{1d} \\ 0 & a_{11} & & 0 \\ \vdots & & \ddots & \vdots \\ 0 & \cdots & 0 & a_{11} \end{pmatrix} = \begin{pmatrix} a_{11} & 0 \\ 0 & A' \end{pmatrix} \qquad (44)$$

mit einer $(d - 1) \times (d - 1)$ Matrix A', auf welche die Induktionsbehauptung angewandt werden kann und es gilt $sign(A) = sign(m_{11}) + sign(A')$, wobei

A' in jeder Komponente $\mathbb{Z}$-polynomial aus den Koeffizienten von A berechnet werden kann.

2.Fall: $a_{11} = 0$, dann finden wir einen Eintrag $a_{ij} \neq 0$ (da $A \neq 0$). Mit einem von endlich vielen im Voraus festgelegten Basiswechseln können wir $a_{11} \neq 0$ erreichen. Nun sind wir wieder in Fall 1. $\qquad\square$

Kehren wir jetzt zum Beweis des Projektionssatzes zurück. Erinnern wir uns an den letzten Schritt:

Um zu zeigen, dass $\phi(U)$ wieder A-semialgebraisch ist, müssen wir für jedes $x \in \mathbb{R}^n$ mit polynomialen Gleichungen und Ungleichungen entscheiden, ob es ein $t \in \mathbb{R}$ gibt mit $p_x(t) := p(t,x) = \sum_{i=0}^{k} a_i(x)t^i = 0$ und $q_j(t,x) = \sum_{i=0}^{k_j} b_{ji}(x)t^i > 0$, für $1 \leq j \leq r$. Man muss jedoch beachten, dass der Grad von p abhängig von x ist (die Koeffizienten von p liegen in $A[x]$), aber unsere Methoden zum Zählen von Nullstellen nur für festen Grad von p anwendbar sind. Also führen wir für $m \in \{0,1,...,k\} \cup \{-\infty\}$ folgende Mengen ein:

$$D_m(p) = \{x \in \mathbb{R}^n \mid deg(p_x(t)) = m\} \tag{45}$$

Wir beobachten, dass die D_m A-semialgebraisch sind, $D_m = \{x \in \mathbb{R}^n \mid a_m(x) \neq 0, a_{m+1}(x) = ... = a_k(x) = 0\}$ und eine disjunkte Zerlegung des $\mathbb{R}^n$ bilden. Somit ist es ausreichend zu zeigen, dass $\phi(U) \cap D_m$ A-semialgebraisch für alle $m \in \{0,1,...,k\} \cup \{-\infty\}$ ist.

Fall 1: $m = 0$, dann ist $\phi(U) \cap D_0 = \emptyset$, da ein Polynom vom Grad 0 keine Nullstelle haben kann. Die leere Menge ist aber A-semialgebraisch.

Fall 2: $m > 0$, dann gilt nach Lemma 2.10 (man beachte, dass p normiert sein muss):

$$\phi(U) \cap D_m(p) = \{x \in \mathbb{R}^n \mid \exists t\ p_x(t) = 0 \bigwedge_{j=1}^{r} q_j(t,x) > 0\} \cap D_m(p) = \tag{46}$$

$$\{x \in \mathbb{R}^n \mid \sum_{e \in \{1,2\}^r} sign(\mathcal{H}(\frac{p_x(t)}{a_m(x)}, (q_x(t))^e) > 0\} \cap D_m(p) \tag{47}$$

wobei $q_x(t) := q_1(t,x) \cdots q_r(t,x)$. Die Signatur kann Werte zwischen -m und m annehmen, also gibt es endlich viele Möglichkeiten, dass sie größer null ist. Wir definieren

$$\mathcal{H}_{m,e,p}(x) := \mathcal{H}(\frac{p_x(t)}{a_m(x)}, (q_x(t))^e) \tag{48}$$

und

$$s = (s_e)_{e \in \{1,2\}^r} \in \{-m,...,m\}^{\{1,2\}^r} \tag{49}$$

Die Variable s soll jedem der $|\{1,2\}^r|$ Summanden eine Signatur s_e zwischen -m und m zuordnen), wobei wir überprüfen dass die Signatur größer null ist, also

$$\Sigma(s) := \sum_{e \in \{1,2\}^r} s_e > 0 \tag{50}$$

Dann können wir (47) umschreiben:

$$\phi(U) \cap D_m(p) = \tag{51}$$

$$\bigcup_{\substack{s \in \{-m,...,m\}^{\{1,2\}^r} \\ \Sigma(s) > 0}} \bigcap_{e \in \{1,2\}^r} \{x \in \mathbb{R}^n \mid sign(\mathcal{H}_{m,e,p}(x)) = s_e\} \cap D_m(p) \tag{52}$$

Die Einträge der Hermite-Matrizen $\mathcal{H}_{m,e,p}(x))$ sind nach Lemma 2.10 ganzzahlige Polynome in $\frac{p_l(x)}{p_m(x)}$ ($0 \leq l \leq m-1$) und q_{ji} ($0 \leq j \leq r$, $0 \leq i \leq k_j$) mit beschränktem Grad abhängig vom Grad von p und q. Damit wir Polynome mit Koeffizienten aus A erhalten, können wir die Hermite Matrix für genügend großes N mit $p_m(x)^{2N}$ multiplizieren ohne die Signatur zu verändern. Dazu definieren wir:

$$\mathcal{H}^*_{m,e,p}(x) := p_m(x)^{2N} \cdot \mathcal{H}_{m,e,p}(x) \tag{53}$$

Die Einträge von $\mathcal{H}^*_{m,e,p}(x)$ sind nun Polynome mit Koeffizienten aus A (die ursprünglichen Koeffizienten von p und q_i waren aus A und A ist als Ring multiplikativ abgeschlossen) und die Mengen $\{x \in \mathbb{R}^n \mid sign(\mathcal{H}^*_{m,e,p}(x)) = s_e\}$ sind somit nach Lemma 2.12 wieder A-semialgebraisch.

Fall 3: $m = -\infty$, dann gelangen wir durch Anwendung von Lemma 2.11 wieder in Fall 2.

Damit ist die Behauptung gezeigt. Zusammenfassend sei

$$h := (1 - q^2)q' = \sum_{j=0}^{k^*} c_j(x)t^j \tag{54}$$

$$\Xi(m,p) := \bigcup_{\substack{s \in \{-m,...,m\}^{\{1,2\}^r} \\ \Sigma(s) > 0}} \bigcap_{e \in \{1,2\}^r} \{x \in \mathbb{R}^n \mid sign(\mathcal{H}^*_{m,e,p}(x)) = s_e\} \tag{55}$$

$$\Delta := \bigcap_{j=0}^{r} \{x \in \mathbb{R}^n \mid b_{j0}(x) > 0, b_{j1}(x) = ... = b_{jk_j}(x) = 0\} \tag{56}$$

dann kann die Darstellung von $\phi(U)$ als A-semialgebraische Menge folgendermaßen erfolgen

$$\phi(U) = \{x \in \mathbb{R}^n \mid \exists t \; p_x(t) = 0 \bigwedge_{j=1}^{r} q_j(t,x) > 0\} = \tag{57}$$

$$\underbrace{\bigcup_{1 \leq m \leq k} \Xi(m,p) \cap D_m(p)}_{\text{Fall 1}} \bigcup \underbrace{D_{-\infty}(p) \cap \left(\Delta \cup \bigcup_{1 \leq s \leq k^*} \Xi(s,h) \cap D_s(h) \right)}_{\text{Fall 3}} \tag{58}$$

$\square$

Man sieht, dass der Beweis zwar konstruktiv ist, doch in der Praxis mit enormen Aufwand verbunden und dadurch fast nicht brauchbar ist. Auf modernen Computeralgebra-Programmen existieren jedoch bereits Implementierungen (Mathematica-Befehl: resolve[.]), welche sich der effektiveren „Cylindrical Algebraic Decomposition" bedienen, siehe [10] für weiterführende Literatur. Außerdem sei erwähnt, dass es einen alternativen Beweis des Projektionssatzes gibt, welcher das Zählen von Nullstellen mithilfe von Sturm'schen Ketten realisiert, jedoch muss man hierbei in mehr Einzelfälle verzweigen.

3 Folgerungen aus dem Projetionssatz

Im nächsten Kapitel werden weitere Folgerungen des Projektionssatzes beleuchtet. Zuerst benötigen wir jedoch einige Definitionen und Sätze über Anordnun-

gen von Körpern. Wir werden uns hierbei auf das Wesentliche beschränken, für
Beweise und weitergehende Informationen siehe: [1], [4], [5], [6].

3.1 Angeordnete und reell abgeschlossene Körper

Definition 3.1 (Präordnung). *Eine Präordnung auf einem Körper K ist eine
Teilmenge $T \subseteq K$ mit:*

$$TT \subseteq T, \; T + T \subseteq T \; und \; a^2 \in T \; \forall a \in K \tag{59}$$

Definition 3.2 (Anordnung). *Eine Anordnung P eines Körpers K ist eine
Präordnung für die zusätzlich gilt:*

$$P \cup -P = K \; und \; P \cap -P = \{0\} \tag{60}$$

*Dabei bezeichnen wir das Paar (K,P) als angeordneten Körper. Ein Körper heißt
reell, wenn er mindestens eine Anordnung besitzt.*

Definition 3.3 (reell abgeschlossen). *Ein Körper K heißt reell abgeschlossen,
wenn K reell ist, aber keine echte algebraische Körpererweiterung besitzt, die
auch reell ist.*

Satz 3.4. *Jeder angeordnete Körper K besitzt einen reellen Abschluss, genauer
eine reell abgeschlossene, algebraische Körpererweiterung, deren Anordnung eine
Fortsetzung der Anordnung von K ist.*

Bemerkung 3.5.

(i) $\sum K^2 := \{\sum_{i \in I} a_i^2 \mid I \; endlich, \; a_i \in K\}$, *Menge aller endlichen Quadratsummen, ist die kleinste Präordnung auf einem Körper K*

*(ii) Sind P und Q Anordnungen von K, so folgt aus $P \subseteq Q$ bereits $P = Q$.
Falls also $\sum K^2$ bereits eine Anordnung ist, wie z.B. in $\mathbb{R}$, dann ist es die
einzige Anordnung auf K*

*(iii) Jede Anordnung ist äquivalent zu einer mit Addition und Multiplikation
verträglichen Totalordnung via $a \leq b \Leftrightarrow b - a \in P$ und umgekehrt $P =
\{a \in F \mid a \geq 0\}$*

*(iv) Man kann die im Beweis des Projektionssatzes benutzten Methoden (Fun-
damentalsatz der Algebra, Trägheitssatz von Sylvester, Satz von Rolle,
Zwischenwert-, Mittelwertsatz, Lemma von Descartes,...) in beliebigen reell abgeschlossenen Körpern beweisen und semialgebraische Mengen analog
definieren*

Lemma 3.6. *Der Projektionssatz 2.1 gilt auch für beliebige reell abgeschlossene
Körper.*

Lemma 3.7. *Sei T eine Präordnung eines Körpers K $(char(K) \neq 2)$ mit $T \neq
K$ und $f \in K \setminus T$. Eine maximale Präordnung $P \supseteq T$ von K mit $f \notin P$ ist
bereits eine Anordnung.*

Da dieses Lemma wichtig für den Beweis von Hilbert's 17-ten Problem sein wird,
folgt hier ein Beweis nach [3]:

Beweis. Zuerst drei Vorüberlegungen:

Behauptung 1: Eine deratig maximale Präordnung P existiert, da das Zorn'sche Lemma auf der Menge aller Präordnungen, welche f nicht enthalten anwendbar ist.

Behauptung 2: $-1 \notin P$, sonst wäre

$$f = \left(\frac{f+1}{2}\right)^2 + (-1)\left(\frac{f-1}{2}\right)^2 \in P \tag{61}$$

Behauptung 3: $-f \in P$

Sonst wäre $P - fP := \{p_1 - fp_2 \mid p_1, p_2 \in T\}$ wieder eine Präordnung, die P als echte Teilmenge enthält, also muss wegen der Maximalitätseigenschaft von P bereits $P - fP = K$ gelten. Also auch $f = p_1 - fp_2$ für passende $p_1, p_2 \in P$. Weil $1 + p_2 \neq 0$ nach Behauptung 1, folgt:

$$f = \frac{p_1}{1 - p_2} = p_1 \cdot (1 + p_2) \cdot \left(\frac{1}{1 + p_2}\right)^2 \in P \tag{62}$$

Noch zu zeigen: (i) $P \cup -P = K$ und (ii) $P \cap -P = \{0\}$

(i) Sei $g \in K$ mit $g \notin P$. Man sieht leicht, dass nun $P + gP$ wieder eine Präordnung ergibt, welche P als echte Teilmenge enthält. Also $f = p_1 + gp_2$ für passende $p_1, p_2 \in P$. Mit Behauptung 3 folgt $-p_2 g = p_1 - f \in P$ und außerdem $p_1 - f \neq 0$, da $f \notin P$. So gilt $p_2 \neq 0$ und

$$-g = \frac{p_1 - f}{p_2} = (p_1 - f) \cdot p_2 \cdot \left(\frac{1}{p_2}\right)^2 \in P \tag{63}$$

(ii) Sei $g \in P \cap -P$, dann muss $g = 0$ gelten, sonst

$$-1 = g \cdot (-g) \cdot \left(\frac{1}{g}\right)^2 \in P \text{ (Widerspruch zu Behauptung 2)} \tag{64}$$

$\square$

3.2 Quantorenelimination

Wir können in (57) und (58) bereits das Verschwinden des Existenzquantors beobachten, man sagt reell abgeschlossene Körper erlauben Quantorenelimination. Durch Umformulierung des Projektionssatzes erhalten wir folgendes Resultat:

Satz 3.8 (Quantorenelimination). *Sei $x = (x_1, ..., x_n)$ und $t = (t_1, ..., t_p)$. Gegeben ein System von polynomialen Gleichungen und Ungleichungen*

$$S(t, x) = \begin{cases} f_1(t, x) \,\triangle_1\, 0 \\ \vdots \\ f_k(t, x) \,\triangle_k\, 0 \end{cases} \tag{65}$$

mit $\triangle_i \in \{<, \leq, >, \geq, =, \neq\}$ und $f_i \in \mathbb{Z}[t, x]$. Dann gibt es endlich viele System polynomialer Gleichungen und Ungleichungen $S_1(x), ..., S_m(x)$ mit Koeffizienten *in $\mathbb{Z}$, sodass für alle reell abgeschlossenen Körper R und jedes $x \in R^n$ gilt: Es gibt eine Lösung $t \in R^p$ des Systems $S(t,x)$ genau dann, wenn x eines der Systeme $S_1(x), ..., S_m(x)$ löst.*

Anders ausgedrückt gibt es $g_i, h_{ij} \in \mathbb{Z}[x]$, sodass äquivalent ist:

(i) $\exists t \in R^p \; \left(\bigwedge_{i=1}^{k} f_i(t,x) \, \triangle_i \, 0 \right)$

(ii) $\bigvee_{i=1}^{m} \; \left(g_i(x) = 0 \; \wedge \; \bigwedge_{j=1}^{r} h_{ij}(x) > 0 \right)$

Beweis. Die Menge $U = \{(t,x) \in R^{p+n} \mid S(t,x)\}$ ist $\mathbb{Z}$-semialgebraisch. Die Projektion auf die letzten n Koordinaten $\pi(U)$ ist nach dem Projektionssatz 2.1 (zusammmen mit Lemma 3.6) wieder $\mathbb{Z}$-semialgebraisch kann also nach Lemma 1.3 als $\bigcup_{i=1}^{m} (V(g_i) \cap O(h_{i1}, ..., h_{ir}))$ mit passenden $g_i, h_{ij} \in \mathbb{Z}[x]$ geschrieben werden. Sei nun $x \in R^n$ beliebig. Es gilt:

$$\exists t \in R^p \; S(t,x) \Leftrightarrow x \in \pi(U) \Leftrightarrow x \in \bigcup_{i=1}^{m} (V(g_i) \cap O(h_{i1}, ..., h_{ir})) \Leftrightarrow \tag{66}$$

$$\Leftrightarrow \bigvee_{i=1}^{m} \underbrace{\left(g_i(x) = 0 \; \wedge \; \bigwedge_{j=1}^{r} h_{ij}(x) > 0 \right)}_{:=S_i} \tag{67}$$

$\square$

Beispiel 3.9. *Das Innere, der Abschluss und der Rand einer semialgebraischen Menge $M \subseteq \mathbb{R}^n$ sind wieder semialgebraisch, denn*

$$M^\circ := \{x \in \mathbb{R}^n \mid \exists \varepsilon > 0 \; B_\varepsilon(x) \subseteq M\} = \tag{68}$$

$$\{x \in \mathbb{R}^n \mid \exists \varepsilon \in \mathbb{R} \; \forall a \in \mathbb{R}^n \; (\varepsilon > 0 \wedge (x-a)^2 < \varepsilon) \Rightarrow (a \in M)\} = \tag{69}$$

Die Bedingung $a \in M$ kann man durch polynomiale Gleichungen und Ungleichungen beschreiben, da M als semialgebraisch vorausgesetzt wurde. Man kann nun den Allquantor durch einen Existenzquantor $(\forall x \; A(x) \Leftrightarrow \neg \exists x \; \neg A(x))$ und die Implikation durch eine oder-Verknüpfung $(A \Rightarrow B \Leftrightarrow \neg A \vee B)$ ausdrücken und dann die beiden Quantoren mithilfe des Satzes 3.8 eliminieren. Daraus folgt die Aussage für das Innere. Aufgrund von $\overline{M} = \mathbb{R}^n \backslash (\mathbb{R}^n \backslash M)^\circ$ und $\delta M = \overline{M} \backslash M^\circ$ ergeben sich die Aussagen für den Abschluss und Rand.

3.3 Transferprinzip

Während Tarski das Transferprinzip bereits 1931 ohne Beweis formulierte, wurde es erst Anfang der 50er Jahre in Zusammenarbeit mit Seidenberg genau definiert und bewiesen.

Satz 3.10 (Transferprinzip von Tarski-Seidenberg)*. Sei $t = (t_1, ..., t_p)$, K beliebiger Körper und R_1 und R_2 zwei reell abgeschlossenen Oberkörper von K, welche auf K dieselbe Anordnung induzieren. Dann hat ein System von polynomialen Gleichungen und Ungleichungen der Form*

$$S(t) = \begin{cases} f_1(t)\triangle_1 0 \\ \vdots \\ f_k(t)\triangle_k 0 \end{cases} \tag{70}$$

mit $\triangle_i \in \{<, \leq, >, \geq, =, \neq\}$ und $f_i \in K[t]$ genau dann eine Lösung in R_1^p, wenn es eine Lösung in R_2^p besitzt.

Beweis. Seien $(c_1, ..., c_m) = c \in K$ die Koeffizienten der f_i in einer festgelegten Reihenfolge. Wir ersetzen nun die Koeffizienten durch Variablen $(x_1, ..., x_m) = x$ und erhalten ein neues System S'(t,x) mit neuen Polynome $F_1, ..., F_k \in \mathbb{Z}[t, x]$, wobei natürlich S'(t,c)=S(t) ist. So existieren nach Satz 3.8 $g_i, h_{ij} \in \mathbb{Z}[x]$ mit:

$$S(t) \text{ besitzt Lösung in } R_1^p \Leftrightarrow \exists t \in R_1^p \ \ S'(t,c) \ \Leftrightarrow \tag{71}$$

$$\Leftrightarrow \bigvee_{i=1}^{m} \left(g_i(c) = 0 \ \wedge \ \bigwedge_{j=1}^{r} h_{ij}(c) > 0 \right) \Leftrightarrow \tag{72}$$

$$\Leftrightarrow \exists t \in R_2^p \ \ S'(t,c) \Leftrightarrow S(t) \text{ besitzt Lösung in } R_2^p \tag{73}$$

(72) ist unabhängig von R_1 und R_2 und entscheidet sich bereits in K. $\qquad\square$

3.4 Hilbert's 17-tes Problem

Wir können nun Hilbert's 17-tes Problem lösen, dass übrigens einen großen Grund für die Entwicklung der modernen reellen algebraischen Geometrie darstellte. Die Pioniere waren Artin und Schreier, welche auch den ersten Beweis lieferten. Unser Beweis wird sich jedoch dem Transferprinzip von Tarski-Seidenberg bedienen. Dafür benötigen wir folgende Definition:

Definition 3.11. *Ein Polynom $p \in \mathbb{R}[x_1, ..., x_n]$ heißt positiv semidefinit oder nichtnegativ, falls gilt:*

$$p(x) \geq 0 \ \ \forall x \in \mathbb{R}^n \tag{74}$$

Wir schreiben dafür: $p \geq 0$

Nun erkennt man sofort, dass Quadratsummen $p = q_1^2 + ... + q_k^2$ mit $q_i \in \mathbb{R}[x_1, ..., x_n]$ nichtnegative Polynome ergeben. Gilt jedoch auch die Umkehrung, also ist jedes nichtnegative Polynom $p \in \mathbb{R}[x_1, ..., x_n]$ als endliche Quadratsumme von Polynomen darstellbar? Dies stimmt im Allgemeinen[1] nicht für $n \geq 2$, wie Hilbert bereits 1888 auf nicht konstruktive Weise zeigte. Ein explizites Gegenbeispiel dafür gab Theodore Motzkin erst 1967 [9]:

Lemma 3.12. *Für das Motzkin-Polynom $s(x,y) = 1 - 3x^2y^2 + x^2y^4 + x^4y^2$ gilt:*

(i) $s \geq 0$

(ii) s ist nicht als Quadratsumme von Polynomen in $\mathbb{R}[x, y]$ darstellbar

Beweis. (i) Folgt aus der Ungleichung vom arithmetischen und geometrischen Mittel: $\sqrt[3]{abc} \leq \frac{a+b+c}{3}$ mit $a = 1$, $b = x^2y^4$, $c = x^4y^2$

(ii) Zuerst sieht man, dass $s(x,0) = 1$ und $s(0,y) = 1$. Nehmen wir also an $s = \sum_i q_i$ mit $q_i \in \mathbb{R}[x,y]$, dann müssen $q_i(x,0)$ und $q_i(0,y)$ auch konstant sein. Mit zusätzlichen Gradüberlegungen ($deg(s) = 2 \cdot \max_i\{deg(q_i)\}$) folgt: $q_i(x,y) = a_i + b_i xy + c_i x^2 y + d_i xy^2$. So führt Koeffizientenvergleich des Terms x^2y^2 zu $\sum_i b_i^2 = -3$. Widerspruch.

$\qquad\square$

---

[1] Hilbert bewies, dass dies nur möglich ist für $n = 1$, sowie beliebige Polynome vom Grad 2 oder vom Grad 4 mit $n = 2$, siehe [8]

Deswegen versuchte man das Problem zu umgehen, indem man rationale Funktionen zulieẞ. So stellte Hilbert 1900, als eines seiner berühmten 23 Probleme, folgende Frage:

Kann jedes Polynom $p \in \mathbb{R}[x_1, ..., x_n]$ mit $p \geq 0$ als endliche Summe von Quadraten rationaler Funktionen geschrieben werden?

(i) Die Aussage für $n = 1$ folgt direkt aus dem Fundamentalsatz und man benötigt hierbei lediglich die Quadratsumme von zwei Polynomen

(ii) Für $n = 2$ gab Hilbert selbst einen Beweis im Jahr 1893

(iii) Den allgemeinen Fall (für einen beliebigen abgeschlossenen reellen Körper) bewies Artin erstmals 1927

Wir wollen nun aufbauend auf unsere Formulierung des Transferprinzips einen Beweis geben:

Satz 3.13. *Sei $p \in \mathbb{R}[x]$, $K = \mathbb{R}(x)$ der Körper der rationalen Funktionen über $\mathbb{R}$ und $F = \sum K^2$, dann gilt:*

$$p \notin F \Rightarrow \exists x \in \mathbb{R}^n \quad p(x) < 0 \tag{75}$$

Beweis. Nach Bemerkung 3.5 (i) bildet F eine Präordnung auf K. Angenommen $p \notin F$. Dann sei Q die zu der Präordnung F gehörende Anordnung mit $p \notin Q$ wie in Lemma 3.7. Wir bezeichnen nun mit $\overline{K}$ den reellen Abschluss von F bezüglich Q. Da $\mathbb{R}$ nur eine Anordnung besitzt, induziert Q die gewöhnliche Anordnung auf $\mathbb{R}$. Nach Annahme ist $p < 0$ ($p \notin F$), also existiert $x \in \overline{K}^n$ mit $p(x) < 0$ (man nehme die Polynome $x_i \in \overline{K}^n$ statt der Variablen x_i). Nach dem Transferprinzip 3.10 gibt es auch $x \in \mathbb{R}^n$ mit $p(x) < 0$. $\qquad \square$

Literatur

[1] BOCHNAK, Jacek: Springer-Verlag. Real algebraic geometry. Berlin, 1998.

[2] FISCHER, Gerd: Vieweg+Teubner. Lineare Algebra: Eine Einführung für Studienanfänger. 17., Auflage. Wiesbaden, 2010.

[3] MARSHALL, Murray: American Mathematical Society. Positive Polynomials and Sums of Squares. Vol. 146, 2008.

[4] SCHEIDERER, Claus: Vorlesungsskriptum: Reelle Algebra und Geometrie I-III. Duisburg, 2004.

[5] PRESTEL, Alexander: Vorlesungsskriptum: Reelle Algebra. Konstanz, 2007.

[6] NETZER, Tim: Vorlesungsskriptum: Reelle algebraische Geometrie 1 und 2. Leipzig, 2012.

[7] PARRILO, Pablo: Algebraic techniques and semidefinite optimization-Lecture 5. Cambridge, 2006.

[8] HILBERT, David: Mathematische Annalen. Über die Darstellung Definiter Formen als Summe von Formenquadraten. Berlin, 1869.

[9] SCHMÜDGEN, Konrad: Documenta Mathematica. Around Hilbert's 17th problem. Bielefeld, 2010.

[10] CAVINESS, Bob F.: Springer Vienna. Quantifier Elimination and Cylindrical Algebraic Decomposition. California, 1998.